三农热点面对面丛书

防范外来的食品安全威胁

贾幼陵　杜雅楠　编著

中 国 农 业 出 版 社

图书在版编目（CIP）数据

防范外来的食品安全威胁 / 贾幼陵，杜雅楠编著
. —北京：中国农业出版社，2011.8
（三农热点面对面丛书）
ISBN 978-7-109-16029-3

Ⅰ.①防… Ⅱ.①贾…②杜… Ⅲ.①食品安全—基本知识 Ⅳ.①TS201.6

中国版本图书馆 CIP 数据核字（2011）第 174752 号

中国农业出版社出版
（北京市朝阳区农展馆北路 2 号）
（邮政编码 100125）
责任编辑 黄向阳

中国农业出版社印刷厂印刷 新华书店北京发行所发行
2011 年 10 月第 1 版 2011 年 10 月北京第 1 次印刷

开本：850mm×1168mm 1/32 印张：1.5
字数：22 千字 印数：1～6 000 册
定价：6.00 元

出版说明

“三农”问题是党和国家工作的重中之重，在不同时期表现出不同的热点难点问题。围绕这些热点难点问题，自2004年以来，党中央连续发布了8个“三农”问题的一号文件，不断推动“三农”工作。

当前“三农”热点难点问题主要有：如何推进农业现代化，如何加快新农村建设，如何统筹城乡发展，如何发展现代农业，如何加快农村基础设施建设和公共服务，如何拓宽农民增收渠道，如何完善农村发展的体制机制以及农民工转移就业、农村生态安全、农产品质量安全，等等。这些问题是一个复杂的社会问题，解决“三农”问题需要社会各界的共同努力。中国农业出版社积极响应党中央和农业部号召，围绕中心、服务大局，立足“三农”发展现实需求，围绕“三农”热点难点问题，坚持“三贴近”原则，面向基层农业行政、科技推广、乡村干部和广大农民，组织专家撰写了《三农热点面对面丛书》。

本丛书紧密联系我国农业、农村形势的新变

化，重点围绕发展现代农业和推进社会主义新农村建设，对当前农民和农村干部普遍关注的党的强农惠农政策、农业生产、乡村管理，农民增收和社会保障以及新技术应用等热点难点问题，采用专家与读者面对面交流的形式，理论联系实际，进行深入浅出的回答，观点准确、说理透彻，文字生动、事例鲜活，图文并茂、通俗易懂，具有较强的针对性和说服力。在运作方式上，根据理论联系实际的要求，针对“三农”问题的阶段性特点，分期分批组织实施。丛书突出科学性、针对性、实用性，力求用新技术、新观点、新形式，达到“贴近农业实际、贴近农村生活、贴近农民群众”的要求。

本丛书是广大基层干部、农民和农业院校师生学习和了解理论和形势政策的重要辅助材料，也是社会各界了解“三农”问题的重要窗口。希望本丛书的出版对推动“三农”工作的开展和“三农”问题的研究提供有力的智力支持，也希望广大读者提出好的意见和建议，以便我们更好地改进工作，服务“三农”。

2011年6月

前 言

食品安全问题是一个全球性问题。由于近年来国内频频爆出食品安全事件，如“三聚氰胺奶粉”、“双汇瘦肉精”、“上海染色馒头”、“台湾塑化剂”、“红心鸭蛋”等，导致人们逐渐对中国的食品安全失去信心，并盲目崇拜外国食品，甚至认为进口就等于安全。有些人宁愿花高价购买外国牛肉和外国奶粉。

外国食品真的就很安全吗？它的产品真的每一个品种和批次都那么安全？诚然，发达国家在食品安全保障方面有较为完善的法律体系，但这并不能完全拦住企业的牟利欲望，也很难杜绝生产中偶尔发生的质量事故。一向以苛求食品安全而著称的日本，食品安全问题也是麻烦不断，如“毒大米事件”。

国外的一些食品安全制度，对于国内的消费者来说，也存在一些不安全性。欧美国家允许使用“垃圾饲料”饲养畜禽，不时引发动物源性食品重大安全事件，如欧盟国家奶制品二噁英引起的中毒事件；在我国禁用于动物生产的生长激素和某些β-兴奋剂类药物，而在美国等一些国家是允许使用或检出的。所以，我国进口这些国家的动物源性食品时，应充分运用SPS协议的风险评估原则和科学依据原则，合理设置技术壁垒和保护措施，切实维护我国消费者的健康利益。

关注食品安全是社会热点问题，编写此书的目的，就是为了帮助读者正确对待食品安全和认识国外食品安全问题。

贾幼陵

中国兽医协会会长

2011年8月

CONTENTS 目录

1. 什么是食品安全？

FAO定义食品安全为：当所有人在任何时候，都能够在物质和经济上获得足够、安全和富有营养的食物来满足其积极和健康生活的膳食需要，及食物喜好时，才实现了食品安全。

WHO定义食品安全为：对食品按其原定用途进行制作和/或食用时不会使消费者的健康受到损害的一种担保。

> **小贴士**
>
> FAO：联合国粮食及农业组织
> WHO：世界卫生组织
> CAC：国际食品法典委员会

CAC将食品安全定义为：消费者在摄入食品时，食品中不含有害物质，不存在引起急性中毒、不良反应或潜在疾病的危险性。

在2009年6月1日起施行的《中华人民共和国食品安全法》中，对食品安全的概念做了如下规定“食品安全，指食品无毒、无害，符合应当有的营养要求，对人体健康不造成任何急性、亚急性或者慢性危害。”

2. 食品安全与食品卫生有什么区别？

食品安全是对食品按其原定用途进行制作和/或食用时不会使消费者的健康受到损害的一种担保。

食品卫生则是为确保食品安全性和适合性，在食物链的所有阶段必须采取的一切条件和措施。

3. 目前食品安全面临哪些新挑战？

不论是国内还是国外，随着科技的进步和监管体系的不断完善，食品安全性都在不断提高。人类平均寿命在延长，这与食品安全性提高是有关系的。但在新形势下，人类食品安全也不断面临新的挑战。

一是随着人们食品消费习惯的逐渐改变等，食品安全对食品运输、贮存和制备提出了更高的要求。

二是食品安全涉及原料生产、加工包装、贮存运输、销售、烹制的各个环节，因此食品安全控制，必须在食品从农场到餐桌的每个环节，都有效控制危害的进入。

三是食品和饮水微生物污染严重，全球每年有20多亿人次因此发病，耐抗生素药物细菌的出现更加重了这一现象。社会公众越来越关心食品中病原微生物和化学污染物的危害。

四是新技术如转基因食品、辐照食品应慎重评价，需得到消费者认可。特别是对为追求效率和利润，在第一性生产或加工过程中所添加的非食品物质，都必须高度警惕。

五是食品和饲料贸易越来越全球化，使得食源性疾病更易散布，如二噁英污染和疯牛病等。

世界卫生组织总干事陈冯富珍指出：食品生产的工业化、全球化以及人类生活方式的改变，使食品安全成为一个令人关注的主要公共卫生问题，一个发展问题和一个有重要经济意义的问题。

4. 食品安全问题有哪些危害和影响?

一是食品安全问题危及公众健康。据世界卫生组织估计，每年全球有数以亿计的人因食品污染、饮用水污染而患病。英国发生疯牛病后，虽然因病直接致死的人数只有 181 人，但由于疯牛病潜伏期长、确诊困难，至今人们仍心存恐惧。

二是食品安全问题造成巨大的经济损失。在过去 20 多年中，发生在世界各地的食品安全事件，不仅对人类身体健康带来了危害，而且对农业、食品业、旅游业等也造成了不同程度的影响，每年全球食品安全事件导致的经济损失数额巨大。例如，比利时因二噁英事件，不仅本国大量销毁活鸡和鸡肉加工制品，造成重大经济损失，而且使整个欧盟畜产品贸易也蒙受巨额损失。

三是食品安全问题引发国际贸易争端。近年来，世界贸易组织（WTO）各成员在普遍实行关税减让后，根据允许各成员自行制定和选择进口食品标准的规则，越来越多的国家把提高食品安全标准作为技术性贸易壁垒措施。例如，日本通过设置技术壁垒限制大米进口，20 世纪 90 年代初只检测几项农药残留指标，1994 年增加到 56 项，2006 年进一步增加到 123 项。

四是食品安全问题影响政府公信力。从国际经验看，食品安全事件还会直接影响公众对政府的信任度，重大食品安全事件甚至会破坏社会稳定、危及国家安全。能否保障食品安全，已成为衡量政府行政能力的重要尺度。比利时由于发生二噁英事件直接导致了政府的更迭。德国也因疯牛病事件，导致联邦政府卫生部长和农业部长辞职。

（摘自罗云波，陈思《国外食品安全监管和启示》）

5. 国际社会如何积极应对食品安全问题的挑战？

鉴于一些恶性食品安全事件在全球所产生的重大影响，以及对转基因食品安全性的激烈争论，国际组织积极采取行动，推动各国改善食品安全状况。联合国粮农组织、世界卫生组织等国际组织采取了一系列行动，积极推进全球范围的食品安全控制和管理。1996 年，联合国粮农组织发表的《世界粮食安全罗马宣言》提出：人人享有获取安全而富有营养食品的权利。2000 年，第 53 届世界卫生大会将食品安全列为世界卫生组织的工作重点和优先解决的问题。2002 年，世界卫生组织发布了全球食品安全战略，制定了加强全球食源性疾病监控、为发展中国家提供援助和培训等措施。国际食品法典委员会制定了一系列国际食品标准、指导性原则、推荐性操作规程、检测分析方法和相关法典文件，为发展国际食品贸易和促进各国食品安全管理，提供了标准依据和技术指导。国际标准化组织（ISO）制定了食品安全管理体系标准，国际有机农业运动联盟（IFOAM）制定了有机食品标准。国际消费者联盟（CI）等组织也积极推动国际性和区域性食品安全活动。

鉴于食品安全问题对于公众健康、经济发展、社会安宁和国家形象等均构成了重要影响，各国政府都积极采取应对措施，有针对性地调整和完善食品安全管理体系。美国于 1997 年制定了《总统食品安全行动计划》，1998 年组建了总统食品安全委员会。“9·11”事件后，美国更是把食品安全视为国家安全，投资力度明显加大。2002 年 6 月，美国国会通过了食品反恐法（《公共健康安全及生物恐怖主义的预防及对策法案》），对相关食品安全机构的拨款大幅度增加。欧盟于 2002 年成立了欧盟食品安全局、食品安全实验室等具有权威性的机构，负责协调处理欧盟各国的食品安全事务，2006 年正式颁布实施了《欧盟食品及饲料安全管理法》。加拿大、澳大利亚、新西兰、日本、韩国和印度等国，也都在积极调整和优化国家食品安全监控和管理系统，并大幅度增加科技投入，改善本国的食品安全状况。

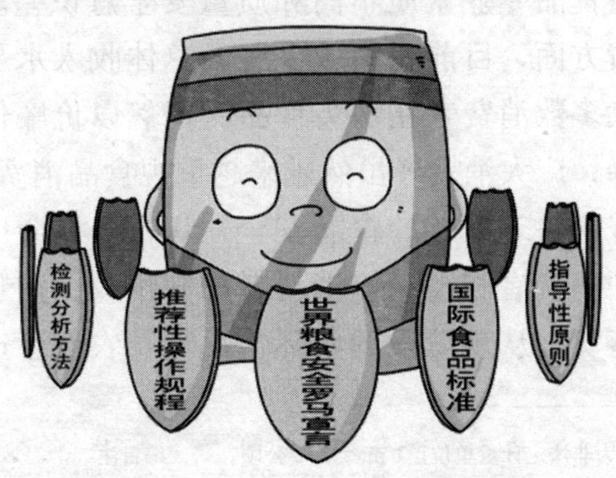

此外，各国的新闻媒体在传播食品安全知识、曝光食品安全事件等方面也发挥了积极作用。

（摘自罗云波，
陈思《国外食品安全监管和启示》）

6. 我国食品安全监管主要面临哪些制约？

发展阶段的制约：在农业生产方面，全国有近2.5亿农户，户均耕地面积只有7.3亩*，标准化实施程度低、投入品和生产过程监控难以实现。在食品加工经营方面，据不完全统计，全国共有各类食品加工企业近45万家，其中约80%是10人以下的小企业、小作坊；各类食品经营企业1 000多万家，其中中等规模以上的企业不足3%，绝大多数为个体工商户。食品企业基数大、规模小，多数企业从业人员食品专业素质不高和质量安全意识差。在食品消费方面，目前我国城乡居民总体收入水平还不高，大多数消费者在购买食品时仍然以价廉作为优先选择；广大消费者虽然越来越重视食品消费安全，但却普遍缺乏足够的食品安全知识；全社会广为提倡保护消费者权益，但消费者的知情权、监督权还难以落实。从现阶段的实际情况看，农业生产、食

* 亩为非法定计量单位，1亩=1/15公顷。——编者注

品加工经营和消费者自我保护这三个环节，目前都还存在着食品安全保障的缺陷，对从源头上提高食品安全水平构成了制约。

科技支撑的制约：我国食品安全的技术支撑体系建设明显滞后，具有较强能力、较高水平的食品质量安全研究、检测、风险评估的机构数量少、起步晚，先进的风险评估机制和风险管理方法刚开始建立，检测技术、设施装备尚不能满足市场监管和国际贸易发展的需要，现有技术标准科技含量较低、标准体系不够完善和统一，食品安全专业技术人才整体水平不高等，也都影响了我国食品安全管理水平的提高。

监管能力的制约：我国的食品安全监管体系正处于发展和完善阶段。当前突出的问题，一是行政监管力量不足，特别是省以下的机构不适应发展需要，普遍存在人员少、经费不足的困难；二是行业协会发育不完善，行业自律程度低，部分企业诚信缺失，大量本应由社会中介组织完成的工作仍基本压在政府身上；三是我国农产品和食品生产、加工、经营点多面广，食品安全监管工作量大、成本高，很容易出现食品安全监管的漏洞和死角。特别是在广大农村和偏远地区，食品安全知识的普及和监管能力十分薄弱，有的地方近乎空白，许多假冒伪劣和城市销费不掉的“问题”食品大量流向这些地区。

小贴士

发达国家的安全隐患主要在规模化生产的饲料生产和药物使用环节。

我国国内食品安全问题出现在生产的全过程，特别是生产加工环节故意违法添加有毒有害物质。

立法和执法的制约：尽管我国在食品安全方面的立法已经不少，执法力度也在逐步加大，但总的看，还普遍存在对食品安全监督执法不严的问题。主要表现在：现行法律法规对违法行为的处罚偏轻，行政执法与刑事司法衔接不够，对违法者的威慑力不强，这些都造成了“守法成本高、违法成本低”的现象。一些地方片面考虑经济增长、财政收入和劳动力就业等问题，存在保护主义倾向，妨碍食品安全行政执法，这也在一定程度上导致违规违法事件屡禁不止。

7. 我国动物源性食品安全现状如何?

动物源性食品指全部可食用的动物组织及蛋和奶，包括肉类及其制品，水生动物产品等。在我国，动物源性食品安全问题还比较突出，安全隐患可出现在食品生产的全过程，特别是生产加工环节故意违法添加有毒有害物质的问题还很严重。近年来，由于重大动物疫病频发、致病性微生物污染畜产品、畜禽饲养过程中违禁药物和饲料添加剂滥用、有毒有害物质残留超标，以及饲养、运输、贮藏、屠宰加工环节中的动物卫生条件不达标等问题，直接危害到养殖业生产、动物源性食品安全和人类健康，使食品安全问题成为政府和全社会关注的焦点问题。为此，我国政府进一步加大了食品安全监管力度，国务院成立了食品安全委员会。近期，农业部、卫生部、国家食品药品监督管理局联合发文，再次公布了饲料、养殖中禁用药物和物质清单；党和国家领导人也纷纷对食品安全予以高度关注，指出“食品安全是关系广大人民群众身体健康和生命安全的大事”，强调要在全社会大力加强道德文化建设，形成讲诚信、讲责任、讲良心的强大舆论氛围；要加大严肃惩处力度，坚决打击食品非法添加行为。

由于近年来我国的食品安全事件，如大头娃娃（奶粉）事件 、多宝鱼（药物残留超标）事件、三

聚氰胺事件、双汇瘦肉精事件频频曝光，不断冲击着我国消费者的神经，使许多消费者对国产食品失去了信心，进而认为发达国家没有食品安全问题；一些政府部门也认为涉及食品安全问题的国际贸易问题时，国际公约、国际规章、国际法典都要遵照执行，这是一个认识误区。其实，动物源性食品安全问题是一个全球性的问题。

8. 国外的动物源性食品安全现状如何？

在发达国家，动物源性食品的安全隐患主要存在于规模化养殖的饲料生产和药物使用环节。欧洲国家一些饲养业专家曾经认为：现代社会无垃圾可言，因为所有人类产生的垃圾都可以得到重复利用，特别是集约化养殖业饲养的鸡、猪、牛等人工饲养的动物，是垃圾最好的重复利用场所。这种理念导致了二噁英、疯牛病等恶性食品安全灾难的发生；北美国家批准在养殖业中使用激素、促生长剂等药物，造成了国家之间的贸易争端，在向发展中国家输出畜产品时，也给发展中国家带来了食品安全隐患。我们要充分认识欧美国家发生的动物源性食品安全事件的严重性，通过自主的风险评估和合理的技术壁垒，来防范外来的食品安全隐患。

9. 进口食品等于安全食品吗？

很多发达国家的食品安全保障机制确实要比中国的更完善，但这并不表示国外的食品质量安全就毫无后顾之忧。

中国国家质检总局 2011 年 1 月 24 日下午公布的统计数据显示，1 月份各出入境检验检疫机构共检出质量安全项目不合格的进口食品、化妆品共 16 类、140 批次，涉及 25 个国家和地区。主要不合格产品包括粮食制品、糖类、果汁及饮料，生产国列前三位的是英国、马来西亚、法国；不合格产品的主要原因是食品添加剂不合格、品质不合格、微生物污染等，占不合格批次的 71.43%。3 月份检查出的 160 多批不合格进口食品中，则包括法国拉都庄园珍藏红葡萄酒的铁超标，西班牙大自然杏仁冻超过保质期，新加坡小江鱼干细菌超标等诸多食品安全质量问题。

三聚氰胺奶粉事件以后，中国消费者对“洋奶粉”的盲目信任，致洋奶粉在国内市场的话语权和定价权得到进一步提高，其提价频率也逐渐增加，价格一路走高。国内消费市场“一边倒”偏爱洋品牌的心理，助长了洋品牌有恃无恐、公然追求“利润最大化”，蚕食中国奶粉市场。但是洋奶粉就真的安全吗？2010 年国家质检总局共发布了 6 次进境食品和化妆品不合格名单，其中6月份进境不合格食品、化妆品信息中共有14批次的乳制品不合格：包括25.25吨新西兰公司出品的全脂奶粉，149.875吨新加坡全脂奶粉检出阪崎肠杆菌，1吨来自美国的牛初乳检出亚硝酸盐。进口的有机婴幼儿奶粉也有问题：有两批次来自澳大利亚的有机婴幼儿奶粉共53吨检出不符合国家标准要求的磷；另有171.775吨来自澳大利亚的婴幼儿配方奶粉也检出锌超标。2010年上半年进口不合格乳制品重量比2009年同期增加123.25吨，同比增幅为15.55%；2010年上半年进口不合格乳制品重量占不合格进口食品、化妆品重量的11.2%，约等于2009年同期的6倍。

另外，国外进口的有机蔬菜、保健食品等许多产品也有部分存在安全质量问题。进口食品并不是神话，中国消费者应该摆正心态，以防盲从消费——花费不合理的高价，却并未买到放心食品。同时，中国的食品安全检查机制也应该进一步完善，还老百姓消费安全感，这也是中国食品消费市场稳定的前提保障。

（摘自《食品安全网》）

深度阅读

亚硝酸盐的中毒量为 0.2~0.5 克，致死量为 3 克。儿童多见。亚硝酸盐中毒潜伏期短，一般为数十分钟或 1 ~ 3 小时，症状以紫绀为主。皮肤黏膜、口唇、指甲下最明显，除紫绀外，并有头痛、头晕、心率加快、恶心、呕吐、腹痛、腹泻、烦躁不安等症状。严重者有心律不齐、昏迷或惊厥，常死于呼吸衰竭。中毒的特效解毒剂为美兰。

锌的供给量和中毒剂量相距很近，即安全带很窄，如人的锌供给量为 10 ~ 20 毫克 / 天，而中毒量为 80 ~ 400 毫克 / 天。锌摄入过量很难被排出体外，可导致铜缺乏综合征，引起缺铁性贫血。

10. 日本有食品安全事件吗？

日本一向以苛求食品安全性而著称，对进口食品的要求极为苛刻。即便如此，近年来日本国产食品安全也是问题不断。2000 年创业有 100 多年历史的雪印牛奶公司因为疏忽了牛奶生产线上的卫生，致使牛奶被金色葡萄球菌污染，使 1.4 万名消费者在喝了被污染牛奶后中毒，从此“雪印”的品牌形象一落千丈，逐渐在市场上消失。2007 年夏季，日本北海道的一家肉品加工企业以猪肉冒充牛肉，被媒体曝光。农林水产省为此设置了“食品举报电话”，结果是：平均每月举报电话多达 300 多次。这些举报使一系列食品丑闻浮出水面——名店老铺们篡改食品保质期、以白猪肉冒充黑猪肉、用猪肉冒充牛肉、用外国牛肉冒充日本牛肉、用生蛋多年后淘汰的鸡冒充名鸡……种种意想不到的掺假行为，严重损害了消费者对名牌产品的信任感。在一系列日本食品丑闻当中，影响最大的是毒大米事件。日本共同社、《朝日新闻》等媒体 2008 年 9 月 6 日至 20 日对此进行了连续报道。日本某大公司将残余农药超标和发霉、完全达不到食用标准的工业用大米，伪装成食用大米，卖给了酒厂、学校、医院等 370 家单位，引发了一些中毒事件。在案件调查过程中，一涉案中间商自杀身亡，农水省事务次官白须敏朗辞职。2008 年 9 月 19 日，日本农林水产大臣太田诚一承认对该案处理不当，也引咎辞职。

11. 加拿大食品污染事件是怎么回事？

2008 年 7 月加拿大暴发食品污染事件，起因是加拿大最大的食品公司——枫叶公司多伦多分厂的熟肉制品受到了李氏杆菌污染。事件发生后，枫叶公司多伦多分厂召回了全部产品并关闭整顿，一些使用其熟食为原料的三明治生产厂家也召回了相关产品。李氏杆菌可存在于土壤、水和食品中，人感染李氏杆菌后会出现发烧、头痛、恶心和腹泻等症状，病情严重时可致人死亡。至 2008 年 10 月，安大略省共有 15 人死于这种病菌。其他死亡病例分布在不列颠哥伦比亚省、艾伯塔省和魁北克省等地。

12. 美国矿泉水事件是怎么回事？

美国食品和药物管理局 2007 年 3 月 24 日发布紧急通告，要求各地商场立即将 5 种从亚美尼亚进口的“杰姆克”（Jermuk）牌矿泉水下架，因为矿泉水中发现了严重超标的砷。美国食品和药物管理局在一项声明中说，卫生检疫人员对这一品牌的 5 种矿泉水进行抽样检查时发现，每升矿泉水中的砷含量在 454 微克到 674 微克之间，大大超过了美国规定的每升 10 微克的标准。声明说，这 5 种矿泉水是由几家美国公司装瓶的，其总经销商是总部位于洛杉矶的一家名为安德烈亚斯·安德烈亚相的公司。声明说，没有接到有人因饮用这种矿泉水而中毒的报告，但长期饮用这种矿泉水无疑对人体有害，甚至能导致癌症。医学专家告诫说，凡是因饮用了这种矿泉水而出现恶心、呕吐及肚子疼的人，应立即就医并向有关部门报告。

13. 国外“垃圾饲料”引发的动物源性食品安全事件是怎么回事?

（1）德国　2010 年 12 月底，德国北威州养鸡场首先发现饲料被二噁英污染，随后又有几个州相继发现受污染饲料，导致德国“二噁英毒饲料”事件逐步升级，2011 年初又关闭 8 个州 4 709 家农场。据德国警方调查，石勒苏益格-荷尔施泰因州的一家饲料原料提供企业，用受到工业原料污染的脂肪酸生产了大约 3 000 吨饲料脂肪，供应给大约 25 家饲料生产商，受二噁英污染的饲料可能达到 15 万吨，该公司生产的部分脂肪酸中二噁英的含量超过法定含量的 77 倍，这是工业化使用“地沟油”产生的恶果。

（2）欧盟国家　20 世纪 90 年代后期，比利时、荷兰、法国和德国等欧盟国家曾发生过严重的动物饲料被二噁英污染，并导致畜禽类产品及乳制品中含有高浓度二噁英的中毒事件，直接经济损失高达数十亿欧元。当时在欧洲乃至全球引起了极大恐慌，甚至引发了比利时政局的动荡。该事件发端于比利时，1999 年，比利时维克斯特（Verkest）油脂加工公司的动物油脂被二噁英污染，混有二噁英的动物油脂卖给了 10 家比利时饲料公司、1 家法国公司和 1 家荷兰公司。以此生产的饲料卖给了比利时

500家鸡场、500家猪场、70家牛场，并已输往德、法、荷。涉及到比利时及法、德、荷兰的鸡、猪、牛。几十个国家抵制上述国的有关产品。比利时因此造成的直接损失达3.55亿欧元，如果加上与此关联的食品工业，损失已超过10亿欧元。并导致执政长达40年之久的社会党政府内阁垮台。

（3）北美国家“红油”向中国推销 美国等北美国家的一些饲料原料公司，收集餐饮行业等的废弃物，生产饲料用油脂，为了防止被用于食用，向其中加入染色剂，俗称“红油”，这些“红油”作为饲料原料输入到中国，存在很大的安全隐患。因为这些“红油”很可能二噁英超标。

深度阅读

二噁英是一种无色无味、毒性严重的脂溶性物质，它的毒性十分大，是砒霜的900倍，有“世纪之毒”之称，万分之一甚至亿分之一克的二噁英就会给健康带来严重的危害。二噁英除了具有致癌毒性以外，还具有生殖毒性和遗传毒性，直接危害子孙后代的健康和生活。因此二噁英污染是关系到人类存亡的重大问题，必须严格加以控制。国际癌症研究中心已将其列为人类一级致癌物。

14. 常说的疯牛病争端是怎么回事？

1986年，疯牛病在英国首次被发现，1990年疯牛病传入欧洲大陆，1996 年首次证实人变异克雅氏症与疯牛病有关。疯牛病潜伏期可长达 8 年，在出现临床症状前 6 个月才能检出病原。处于潜伏期的牛被屠宰，其牛肉中病原难以被检出，导致食用病牛肉的感染途径无法被阻断，从而对人类健康产生威胁，而且该病可在人间通过血液和牙科器具等途径传染。

由于疯牛病潜伏期长，病原难以被有效消灭，病原一旦进入牛食物链循环，就很难被控制和根除，目前没有一个发生疯牛病的国家宣布消灭该病。美国未发生疯牛病以前，对发生疯牛病的欧洲国家采取非常强硬的贸易保护措施，严令禁止欧洲地区的牛肉及其制品进入美国境内，全力防范疯牛病。但是，从 2003 年美国本土发现第一例疯牛病病例后，为了促进本国牛肉出口，美国又千方百计地通过修改国际动物卫生标准，以及利用政治手段向别国施压等来推销自己的牛肉。其加强向世界动物卫生组织（OIE）等国际组织施加影响，促使 OIE 不断修订疯牛病标准，使之有利于美国牛肉等产品恢复出口。例如：将 30 月龄以下剔骨牛肉作为不受疯牛病发生状况影响的产

小贴士

2008 年 6 月，韩国因为美国牛肉进口，在其首都首尔出现了大型示威活动，迫使新上任不久的李明博政府全面重组内阁。

品；美国还加紧与日本、韩国以及中国等国家进行交涉，从行业协会、专家到农业部部长、议员甚至总统等多方面施加压力，要求这些国家恢复对美国的牛肉进口。韩国李明博政府和我国台湾地区马英九政府迫于美国压力，同意进口美国牛肉，导致了严重的政治危机。

15. 美国与日本的牛肉贸易争端是怎么回事？

近年来，美国与其他国家不断发生牛肉贸易争端。从 20 世纪 90 年代起，美国借故欧洲暴发牛海绵样脑病（疯牛病），禁止欧洲牛肉进口；另一方面，欧盟通过法律限制美国含有过多激素的牛肉进口，引发了美国与欧盟长达十几年的牛肉贸易争端。

在美国，养牛业是一个重要的产业。发现首例本土疯牛病之前的 2002 年，美国牛肉业的总产值估计是 1 750 亿美元，支撑了 100 多万个企业、农场和饲养场。牛肉出口超过 32 亿美元。牛肉业零售总额为 650 亿美元。截至 2003 年 12 月 1 日，美国肉牛和小牛存栏数为 1 130 万头。美国的畜牧业中，肉牛业所占比重超过 40%，在美国对外贸易中扮演着重要的角色。由于牛肉出口在美国经济中的特殊地位，它一直是美国贸易代表在谈判桌上的砝码，甚至成为美国和其他国家外交关系的晴雨表。

2003 年 12 月 23 日，美国农业部宣布在华盛顿州马布顿市一农场发现第一例疯牛病后，世界上多个国家宣布禁止美国牛肉进口。之后，围绕着牛肉进口问题，美国与多个国家发生了贸易争端。作为美国牛肉最大和第三大出口市场的日本和韩国，在这场因疯牛病而与美国发生的牛肉贸易争端中是比较典型的例子。

日本是美国牛肉出口最大的海外市场，根据美国肉类出口联合会的统计数据，2002 年日本共从美国进口了总额为 8.42 亿美元的牛肉。

2003 年 12 月 23 日，美国发现第一例疑似疯牛病后，日本政府 24 号就决定暂时停止从美国进口牛肉和牛肉制品。在美国农业部证实了这一疯牛病例以后，日本政府 26 号决定无限期禁止从美国进口牛肉。

12月29日，美国农业部特使戴维·黑格伍德在东京会晤日本农林水产省、厚生劳动省官员时，敦促日本解除对美国牛肉的进口禁令。日本方面表示，日本禁止美国牛肉进口的禁令还将持续更长的一段时间。

2004年1月美国当局还分别派出另外的代表团前往日本和韩国，试图说服这两个国家重新恢复对美国牛肉的进口。由于美国一再施压要求解除对其出口牛肉的禁令，日本政府于1月6日向美国派出了一支由农业和健康部门人员组成的调查小组，对在美国本土发现的首例疯牛病例进行为期一周的调查工作。

2004年1月，日美进行了首次谈判。日本贸易大臣中川昭一于1月7日对美国农业部部长安·维尼曼表示，美国应该建立起值得日本消费者信赖的疯牛病检测体系，要求美国对其宰杀的所有牛进行疯牛病检测后，日本政府才会考虑解除对美国牛肉的禁令。但美国认为检测每一头牛没有科学根据，因此会谈无果而终。

由于日本是美国牛肉最主要的出口地，美国的牛肉产业为此损失惨重。在业界人士的推动下，美国农业部乃至更高级的政府官员纷纷劝说日本尽早恢复进口美国牛肉，而美国国会甚至一度准备制定方案对日本进行贸易制裁。在此背景下，尽管日本国内对于美国牛肉的安全性仍然带有一定疑问，但日本政府出于维护日美关系的考虑，决定商谈解决进口问题。两国遂于 2004 年 1 月 24 日再次就日本禁止进口美国牛肉的问题举行谈判，以解决牛肉贸易争端。

2005 年 12 月 12 日日本政府正式决定，解除对因疯牛病问题而从 2003 年 12 月起被中止进口的美国产牛肉的禁止进口措施。另外，日本农林水产省和厚生劳动省 13 日将向美国派遣调查团，在当地的肉联厂等查看恢复进口的规定条件是否得以遵守；同时，还将召开说明会，向日本民众说明解除禁令的经过。

2005 年 12 月解除禁令之后，日本又在美国产进口牛肉中发现带有禁止的牛脊椎，于是 2006 年 1 月又再次停止进口。

2006 年 6 月 26 日日美两国政府就日本重新进口美国牛肉问题达成协议。根据协议，美国向日本出口的牛肉必须来自出生 20 个月以内的牛；并且不能包含牛脑、牛脊柱等可能携带风险物质的高危部位。日本有关部门必须事先对美国主要牧场及屠宰厂的肉类加工设施进行检查；牛肉运抵日本后必须由日本有关人员进行全面检查后才能通关和上市。协议于 7 月 27 日正式生效。

2010 年 4 月 8 日日本农林水产大臣赤松广隆会晤了来访的美国农业部长汤姆·维尔萨克，双方一致同意就美国产牛肉进口限制问题重启磋商。由于日美两国在牛肉安全性问题上分歧严重，该磋商自2007年8月以来中断至今。

美国方面要求日本阶段性放宽目前仅限20个月以下的美国产牛肉进口限制。但日本方面表示不会立刻放宽限制，将就此问题做慎重研究。

16. 美国与韩国的牛肉贸易争端是怎么回事?

韩国是美国牛肉出口的第三大市场，2002年韩国向美国进口了价值高达6.5亿美元的牛肉产品。

2003年12月在美国发现患有疯牛病的牛之后，韩国便中断了进口美国牛肉。

2003年12月30日以美国农业部特别顾问大卫·黑格武德（副部长助理级别）为首席代表的美国代表团与韩国农林部次官助理金周秀等人进行会谈时表示，（在美国华盛顿发现的）患有疯牛病的牛是在加拿大发病的，而出口到韩国的牛肉非常安全，并要求重新考虑禁止进口的措施。但韩国农林部坚称，目前还没有证据证实在华盛顿发生的疯牛病事件与美国无关，而且发病原因也仍不清楚，韩国政府无法解禁从美国进口牛肉。

2006年1月，在韩美启动自由贸易协定谈判前，美方要求韩国恢复进口美国牛肉，以换取不将大米问题列入谈判议题，韩方不得不同意恢复进口美国30个月以下的剔骨牛肉。两国于2006年年初就“进口卫生条件”达成协议，该协议规定，禁止进口带有特定危险物质的部位、牛龄超过30个月及带骨的牛肉。2006年10月至12月期间，韩国曾分三次进口了22.3吨美国牛肉，但在检疫过程中发现11个指甲盖大小的碎骨，因此没能通过海关被悉数退回，进口又陷入全面停顿状态。

2007年3月，韩美农业高层谈判中双方决定，如果在进口美国牛肉中发现碎骨，只将发现碎骨的箱内牛肉退还，而其他未发现碎骨的牛肉则可过关，这一“部分退还”协议实际上打开了美国牛肉进口的大门。

2007年4月2日，韩美两国就签订自由贸易协定达成了妥协，此后美国政府不断要求允许进口包含骨头的牛肉。特别是2007年5月美国被世界动物卫生组织（OIE）判定为“疯牛病危险可控国家”后，在美方的要求下，两国多次接触试图推进带骨牛肉贸易。

2008年4月11日，美韩第三次牛肉谈判在华盛顿重启，并在一周后最终达成妥协，结果是韩国接受了美方的大部分要求。18日韩国农林水产食品部对外表示，美方承诺加强禁止动物饲料的措施，以此为代价，韩方同意解除牛的年龄限制，并将进口对象扩大到牛排等“带骨牛肉”。韩国同意开放市场的一个重要原因是，韩美两国政府虽在2007年达成了韩美自由贸易协定（FTA），但FTA还得两国国会批准才能生效。而不少美国国会议员就扬言，如果韩国不恢复进口美国牛肉，美国国会绝不会通过FTA。

韩国与美国达成开放市场进口美国牛肉协议后，遭到韩国民众的强烈反对，为此韩国民众进行了大规模的示威。6月19日下午，韩国总统李明博就与美国达成的进口牛肉协议再次向国民表示道歉，称自己忽视了国民的关切。这是李明博继5月22日后在不到一个月的时间内，第二次就牛肉风波向韩国民众正式道歉。

2008年6月20日，韩美双方经过紧急磋商，终于就美国牛肉出口韩国事宜达成妥协，已进入双方政府认定的程序。

由于韩国国内民众的强烈反对，韩国政府6月21日宣布，已与美国达成补充协议，美国将仅向韩国出口30月龄下的牛肉。6月26日，韩国政府发布了美国牛肉进口卫生条件告示修改案，从而完成了恢复美国牛肉进口的最后一项行政步骤。

17. 激素牛肉争端是怎么回事？

20世纪70年代，意大利发现在婴儿食品中使用含有激素的牛肉，导致婴儿出现胸部异常发育或明显异性特征的现象，引发消费者对动物源性食品中激素残留的恐惧。2003年，欧盟向WTO提供报告称，有科学证据表明，北美饲养牛时使用的雌二醇可致癌，即使少量残留在肉类也会导致恶性肿瘤，儿童是最容易受到危害的群体；1982年，欧共体颁布法律，禁止使用含有激素的添加剂饲养牲畜，禁止销售含有激素的肉制品；1996年欧盟发布指令，明确禁止使用雌二醇孕酮、睾丸激素、美仑孕酮、去甲醇三稀孕酮以及蛋白同化激素等激素饲喂家畜，禁止贩售本国或进口的残留有相关激素的肉品；2003年欧盟又颁布新指令，永久性禁止使用雌二醇，并根据实施卫生与植物卫生措施协议（SPS协议）中的谨慎原则，将孕酮、睾丸激素、美仑孕酮、去甲醇三稀孕酮以及蛋白同化激素等其他5种激素也纳入重新审查范围。

而通过饲喂激素加速肉牛生长是美国、加拿大养牛业的普遍做法。美国和加拿大认为，其农场使用激素的方法与欧洲国家不同，不会危害消费者，欧盟以激素可能导致癌症、神经系统紊乱和其他健康问题等为由，禁止进口美、加激素牛肉及其制品的做法缺乏科学依据，是“借技术标准之名，行贸易保护主义之实”。为此，美国从1989年开始对欧盟部分食品征收100％的报复性惩罚关税，1996年美、加依据SPS协议，将与欧盟的激素牛肉贸易争端诉诸WTO贸易争端解决机制。1998年，WTO以欧盟未经过科学的风险评估证明含有激素牛肉对人体健康不利为理由，裁定欧盟败诉，欧盟坚决拒绝执行裁决，导致每年遭受美国1.168亿美元惩罚性关税和加拿大1 130加元贸易制裁，2004年，欧盟向WTO提出申诉。2008年，WTO裁定美、加未经过WTO单方面认定欧盟措施不符合WTO规则违反了争端解决程序，但同时也指出，欧盟在未给出充分说明的情况下，采取临时性进口禁令违反WTO规则。2009年5月，欧盟与美国就激素牛肉贸易争端达成临时性协议，欧盟四年内不断增加无激素牛肉进口配额，美国则逐步取消所有惩罚性关税。

18. 动物生长激素对我国食品安全有什么威胁？

动物生长激素目前主要有牛生长激素（BST）和猪生长激素（PST），是动物脑垂体分泌的内源性激素。通过重组可以工业生产高纯度的生长激素，用于提高牛奶、牛肉等动物产品的产量。

对于普通消费者来说，所关心的是使用了生长激素的奶、肉是否有害健康。这种“可能的危害”来自于两方面，一是激素本身是否有害健康，二是使用了激素产出的奶、肉是否含有其他有害健康的成分。生长激素，不管是天然的，还是人工合成的，都是蛋白质。一般而言，蛋白质被吃之后，都会被消化成氨基酸碎片才能被吸收。但是从逻辑上，我们不能排除蛋白质整体或者大片段被吸收的可能。如果这种情况发生了，就有可能对人体产生其他影响，就需要进行长期的检测来确定是否有害健康了。

加拿大和欧盟的相关专业委员会审查了人工牛生长激素（rBGH）对奶牛健康的影响，结论是其使用对奶牛的健康造成了损害。最普遍的损害是乳腺炎发生率的增加，其次还有奶牛生育能力、腿脚等部位也有不利变化。乳腺炎的发生，可能导致抗生素使用的增加。这又增加了人们从牛奶中摄取抗生素的可能性，从而带来新的健康隐患。

目前多数国家都不允许使用 BST 和 PSY。我国也是全面禁止生长激素用于动物生产，以免在饲养条件不良的情况下滥用。而美国从 1993 年起就允许生长激素用于动物生产，以提高奶、肉品的产量。如此导致很多的美国牛肉等动物产品的贸易争端。

而另外的争端则是动物生长激素的贸易。rBGH 是美国的孟山都公司独家生产的。因此美国政府通过各种渠道要求禁用国使用生长激素。

19. β-兴奋剂对我国食品安全有什么威胁？

在β-兴奋剂（β-agonist）类药物中，盐酸克伦特罗（即瘦肉精）在美国虽然不许添加，但容许检出达50ppb。2011年2月9日，台湾当局有关部门检出进自美国的牛肉有β-兴奋剂残留，这批重达23吨的牛肉被申请退运，此事招致美国议员向台湾地区领导人马英九施压。我国严禁盐酸克伦特罗用于动物生产。

β-兴奋剂的另一种药物——莱克多巴胺（RCT），是一种强效人用强心剂，被美国FDA批准应用于动物饲料添加剂，以提高胴体瘦肉率和饲料报酬。在实际应用中，为追求饲养效益，众多养殖场不断提高动物日粮中RCT的添加量，其滥用造成动物性食品残留超标，严重危害消费者的健康和生命安全。

我国存在喜食内脏的消费习惯，而内脏是兴奋剂类药物残留最高的器官，其中的残留量超过肉品残留十几到几十倍；再加上我国饲养模式相对落后，饲养者追求产量的诉求高，导致莱克多巴胺的停药期规定难以执行，添加量和日摄入量难以控制；另外，历史上一些曾被普遍认定是安全的药物，如盐酸克伦特罗等，引起了很多重大食品安全事件，造成了不可挽回的损失。因此，我国对莱克多巴胺等β-兴奋剂采取禁用政策，同时按照WTO国民待遇原则，对我国进口肉类产品实行莱克多巴胺零容忍检验制度。

为了促进动物产品出口，美国等国家加强对国际食品法典委员会（CAC）的工作，将莱克多巴胺残留限量的步骤提到第8步。这个方案一旦通过，将使我国实行莱克多巴胺禁用政策和肉类产品进口零容忍检验制度面临很大困难。美国一些跨国公司一直在做美国政府的工作，希望通过美国政府对中国进行施压，以便能够在中国进行注册和销售。

类似的β-兴奋剂还有沙丁胺醇、特布他林等等。

20. 促进生长剂洛克沙胂对我国食品安全有什么影响？

洛克沙胂即三硝基-4-羟基苯胂酸，于1944年在美国上市，是美国药管局1964年正式批准的第一种含砷兽药。该药可以促进畜禽生长，提高饲料转化率。促进畜禽皮肤色素沉积。对家禽能增加其他抗球虫药的效果。治疗猪的痢疾及肠炎。提高蛋鸡产蛋率。也能使肉鸡增重，皮肤呈金黄色，增加卖点。2011年5月美国发现，有机砷在肉鸡体内能够转化为毒性较大的无机砷（arsenic），人长期食用此类鸡肉，有可能在体内积蓄致癌。

美国食品和药物管理局最早于 1964 年允许洛克沙砷用于鸡的饲料，1983 年正式批准用作猪、鸡的促生长剂。不过，后来发现洛克沙胂容易因为食物提炼，造成环境的无机砷（即砒霜）污染，因此，1999 年欧盟已明令禁止使用“洛克沙胂”作为鸡的饲料添加用药物。目前各国所定鸡肉中的残留此毒物的容许量为 0.5 毫克/千克。

我国农业部于 2001 年 7 月 3 日发布了《饲料药物添加剂使用规范》，该规范对洛克沙胂使用做出了规定，规定饲料中使用洛克沙胂应先制成 10％预混剂。规定要求，每 1 000g 预混剂中含洛克沙胂 50g 或 100g。蛋鸡产蛋期禁用；休药期 5 天。

21. 疯牛病对我国食品安全有什么威胁？

疯牛病即牛传染性海绵状脑病，简称 BSE。1985 年首次在英国发现，1986 年 11 月将该病定名为 BSE。20 多年来，这种病迅速蔓延，波及世界很多国家，如法国、爱尔兰、加拿大、葡萄牙、瑞士、德国等。英国每年有成千上万头牛因患这种病导致神经错乱、痴呆，不久死亡。

疯牛病为人畜共患病。人感染疯牛病病毒后，就有可能染上致命的克一雅氏症，病人典型临床症状为出现痴呆或神经错乱，视觉模糊，平衡障碍，肌肉收缩等。最终因精神错乱而死亡。

人感染的途径可以有以下几种：一是食用感染了疯牛病的牛肉及其制品，特别是从脊椎剔下的肉（一般德国牛肉香肠都是用这种肉制成）；二是某些化妆品除了使用植物原料之外，也有使用动物原料的成分，所以化妆品也有可能含有疯牛病病毒（化妆品所使用的牛羊器官或组织成分有：胎盘素、羊水、胶原蛋白、脑髓）。

现在对于疯牛病还没有什么有效的治疗办法，只有防范和控制这类病毒在牲畜中的传播。一旦发现有牛感染了疯牛病，只能坚决予以宰杀并进行焚化深埋处理。但也有看法认为，即使染上疯牛病的牛经过焚化处理，但灰烬仍然有疯牛病病毒，把灰烬倒在堆田区，病毒就可能会因此而散播。

美国在未发现疯牛病之前，严格禁止从疯牛病发生国家进口牛肉产品。而当其 2003 年发现疯牛病后，则改变观念，认为美国牛肉不存在威胁，而要求其他国允许进口其牛肉产品。

美国政府为保护本国养牛业的利益，一直把中国作为其牛肉出口的突破口，对我国政府施加了很大的政治压力，要求中国放宽牛肉进口限制。但是，从我国基本国情来看，城乡居民存在“敲骨吸髓”和喜食内脏的消费方式；从疯牛病研究成果看，不仅牛脑、脊髓内存在高风险因子，而且在舌下神经、内脏神经和坐骨神经等部位也发现了高风险因子。因此，一旦放宽美国牛肉进口，导致疯牛病因子传入中国，将很难从我国彻底根除，进而将长期影响我国肉类产品的安全和出口。

22. 洋水果比国产水果更富营养、更安全吗？

市面上琳琅满目的“洋水果”，其实只有几种以进口为主，如山竹、榴莲、红毛丹及新西兰金奇果。其余绝大部分所谓的“洋水果”，其实都是“被进口”的国货，如“美国新奇士”及部分“美国蛇果”等等。

为什么国产水果要贴上“洋标签”？为何品质很好的国产水果仍要冒充进口水果？其实这主要是消费者“崇洋心理”，也是因为大众经历过国内食品安全事故之后，对国产水果失去了信心，致使“洋水果”如此畅销。

不管真的洋水果，还是国产的“洋水果”，其价格都要比同种水果贵几倍。如国产木瓜当进口木瓜卖，价格因此可以翻倍。那么洋水果真的就比国产水果营养安全吗?

对此消费者应成熟理性些。目前国内绝大部分水果在外观、内在品质、新鲜度及口味和营养上，一点都不比洋水果差；而且洋水果相比之下，也有不少缺陷。

一是贵。洋水果不远万里到达中国，其长途跋涉的运费、添加的各种保鲜剂及打蜡的成本以及进口关税等，令洋水果相比国产水果，大多价高数倍。

二是安全。为使水果储存时间较长，增加其外观品质，洋水果几乎都会被打蜡，在运输贮存过程中，还要添加各种保鲜剂、保水剂。当然，一般的蜡对人体是无害的。但有些不适当的保鲜剂、保水剂，总让人动摇对其安全的信心。

三是携带有害病虫。洋水果可能传带“地中海实蝇”等危险性病虫，因此我国把外国水果列为九种特定商品之一。

23. 如何防范外来食品安全隐患?

由于各国的利益倾向不同，对食品安全所采取的措施也是不同的，疯牛病牛肉贸易争端就是一个明显的例子。我国要加强动物源性食品进口的监管，防范外来动物源性食品所带来的安全隐患。

（1）借鉴美国在欧美激素牛肉争端中紧紧抓住欧盟违反 SPS 协议中科学风险评估规定这一关键问题，在 WTO 争端机制中赢得诉讼的成功经验，切实加强对国外风险物质的科学研究和风险评估工作，充分运用 SPS 协议的风险评估原则和科学依据原则，合理设置比国际标准更严格的技术壁垒和保护措施，有效保护我国动物及动物产品国际贸易利益和食品安全。

（2）欧盟在与美、加激素牛肉争端中，宁愿接受贸易制裁，也不以消费者健康利益为代价，反观韩国和我国台湾地区，在与美国疯牛病争端中，迫于压力，牺牲消费者利益，放宽牛肉进口限制，导致政治危机。鉴于此，我国今后在处理动物及动物源性产品国际贸易争端过程中，一定要以保护消费者利益为根本原则，坚决顶住各种压力。只有这样，才能在动物及动物产品国际贸易争端中切实防范国外食品安全问题对我国的威胁。

（3）加强国内监管。对于违禁药物的走私、代理和销售行为加大打击力度。

（4）立足国情，与国际标准接轨，创建中国特色的食品安全监管体系。一些食品，由于中国国内的标准比国际标准低，而让一些外来食品在中国市场和本国市场两重标准，人为制造出食品安全问题。

深度阅读

农药残留标准差距

与国际标准相比，国家标准无疑存在很大的差距，在数量、限量水平、标准分类上都需要进一步完善，如我国蔬菜农药残留标准总指标较少，以欧盟为例，残留标准涉及农药 76 种，总计指标 583 项，我国蔬菜农药残留标准只涉及 52 种农药，总计 58 项，仅为欧盟标准的 1/10。此外，我国蔬菜农药残留指标太笼统，针对性不强，百菜一标的现象非常突出，并且我国缺少植物生长调节剂和除草剂残留指标等等。

参考文献

高芳英.2001. 从美欧贸易之争看 WTO 的争端解决机制. 世界经济与政治论坛 (5): 22-25.

吴绵. 进口牛肉引发的危机. 中国质量报, 2008 年 6 月 18 日.

木曰. 美国牛肉风波在岛内延烧. 人民日报海外版, 2009 年 10 月 28 日.

李凯年.2006. 透视美国应对养牛业遭遇疯牛病风浪冲击的做法及启示. 畜牧兽医科技信息 (8).

二噁英事件震惊欧洲的饲料产业.2011. 中国乳业, 109: 61.

曹信孚.1999. 美国养牛用的促进生长激素中发现致癌物质. 上海环境科学, 18 (12): 536.

德二噁英毒饲料事件升级　首现猪肉被污染. 中国畜牧兽医信息网, 2011 年 1 月 13 日.

德国"二噁英"蛋进入英国　英当局调查流向. 新华网, 2011 年 1 月 8 日.

美国 23 吨出口台湾牛肉被验出含瘦肉精. 中国台湾网, 2011 年 2 月 24 日.

迈克尔·泰森克. 牛海绵状脑病风险管理: 肉类和牛奶安全.

欧盟对"激素牛肉"亮红灯.1999. 中国动物保健, 3: 15

周中举, 胡波.2004. 试论 SPS 协定在 WTO 争端解决程序中的适用——以"欧盟和美国牛肉案"为例. 重庆邮电学院学报 (社会科学版), 16 (6).

王蓓雪, 田志宏. 新一轮美欧牛肉争端案例分析.2006. 世界农业, 321 (1): 17-19.

罗云波, 陈思. 中国经济网, 国外食品安全监管和启示.